Aus der Reihe „Mathematik – leicht verständlich":

Die Zahlensysteme

von Dr. Detlef Bommhardt

Dresden, Dezember 2023

Die Zahlensysteme

1	Einführung	Seite 2
2	Das Umrechnen von Zahlen aus unterschiedlichen Zahlensystemen	Seite 5
3	Das Rechnen im Dualsystem	Seite 10
3.1	Das Umrechnen von Dezimalzahlen in Dualzahlen	Seite 10
3.2	Das Umrechnen von Dualzahlen in Dezimalzahlen	Seite 12
3.3	Das Grundrechnen mit Dualzahlen	Seite 13
4	Das Rechnen im Hexadezimalsystem	Seite 14
4.1	Das Umrechnen von Dezimalzahlen in Hexadezimalzahlen	Seite 14
4.2	Das Umrechnen von Hexadezimalzahlen in Dezimalzahlen	Seite 16
4.3	Das Grundrechnen mit Hexadezimalzahlen	Seite 18
5	Das Rechnen im Oktalsystem	Seite 19
5.1	Das Umrechnen von Dezimalzahlen in Oktalzahlen	Seite 19
5.2	Das Umrechnen von Oktalzahlen in Dezimalzahlen	Seite 21
5.3	Das Grundrechnen mit Oktalzahlen	Seite 22
6	Das Rechnen im Quartalsystem	Seite 24
6.1	Das Umrechnen von Dezimalzahlen in Quartalzahlen	Seite 24
6.2	Das Umrechnen von Quartalzahlen in Dezimalzahlen	Seite 26
6.3	Das Grundrechnen mit Quartalzahlen	Seite 27
7	Das Umrechnen zwischen Hexadezimal-, Oktal-, Quartal- und Dualsystem	Seite 28

1 Einführung

<u>Ziffer:</u> Schriftzeichen zum Darstellen von Zahlen

<u>Zahl:</u> - Mengenangabe
- Darstellung in Ziffern (4.711) oder Worten („hundert")

<u>Additionssytem:</u> stellenwertloses Zahlensystem

→ Das **Römische Zahlensystem** war bis ins 16. Jahrhundert in Europa in Gebrauch.

Regeln:
1.) Alle Symbole stehen in der Reihenfolge ihrer Werte, erst die höherwertigen, dann die niedrigeren.
2.) Die Hauptsymbole I, X, C und M dürfen maximal dreimal hintereinander stehen.
3.) Die Nebensymbole V, L und D dürfen nur einmal verwendet werden und nicht <u>vor</u> einem höherwertigen Symbol stehen.
4.) Vor einem Symbol steht höchstens das nächstkleinere Hauptsymbol.

Nachteile:
- lange und unübersichtliche Zahlen
- keine Null
- schwierig bei Rechenoperationen
    z. B.: XCIX • XLIX   (statt: 99 • 49)

Beispiele:

49	=	XLIX	nicht: IL
99	=	XCIX	nicht: IC , LIL
495	=	CDXCV	nicht: VD , XDV , CDLXLV
999	=	CMXCIX	nicht: IM , XMIX , DCDLXLIX
1997	=	MCMXCVII	
4	=	IV	

Uhr der evangelisch-reformierten Kirche in Leipzig mit einer „falschen" Vier

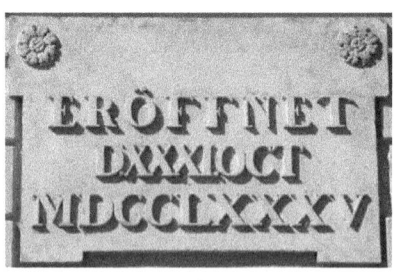 

Eröffnet 31. Oktober 1785   Anno 1685

Witz:

Ein Römer kommt in die Bar, streckt zwei Finger aus und sagt: „Fünf Bier bitte!"

Positionssystem: (auch: Stellenwertsystem)

- von Bedeutung ist die jeweilige Position der einzelnen Ziffern innerhalb der Zahl
z. B.: $4711_{10} = 4 \cdot 10^3 + 7 \cdot 10^2 + 1 \cdot 10^1 + 1 \cdot 10^0$
$\phantom{z. B.: 4711_{10}} = 4.000 + 700 + 10 + 1$

- Das Sexagesimalsystem (Basis 60) verwendeten ca. 3000 bis 1800 v. u. Z. die Babylonier, Sumerer und Mesopotamier.
→ Zeiteinteilung, Kreiseinteilung

- Das Vigesimalsystem (Basis 20) verwendeten die Kelten in England und Frankreich, die Basken in Nordspanien, die Azteken und die Mayas in Südamerika.
→ bis in die 1970er Jahre war ein englisches Pfund = 20 Schillinge

- Das Dezimalsystem (lat. „decem" = dt. „zehn") basiert auf der Grundzahl 10. Im Dezimalsystem gibt es die Ziffern 0, 1, 2, ... 9. Die Stellenwerte einer Dezimalzahl verlaufen von rechts nach links wie folgt: 1, 10, 100, 1.000 usw.

↓ Exponent 2

$\boxed{10^2 = 100}$ ← Potenzwert 100

↑ Basis 10

2 Das Umrechnen von Zahlen aus unterschiedlichen Zahlensystemen

1.) **Welchen Dezimalwerten entsprechen die Zahlen 4.711_7 / 4.711_8 / 4.711_9?**

   a) Nicht lösbar, da die Ziffer 7 im 7-er-Zahlensystem nicht existiert!

   b) $4.711_8 = 4 \cdot 8^3 + 7 \cdot 8^2 + 1 \cdot 8^1 + 1 \cdot 8^0$
$$= 4 \cdot 512 + 7 \cdot 64 + 8 + 1$$
$$= 2.048 + 448 + 8 + 1 = \mathbf{2.505_{10}}$$

   c) $4.711_9 = 4 \cdot 9^3 + 7 \cdot 9^2 + 1 \cdot 9^1 + 1 \cdot 9^0$
$$= 4 \cdot 729 + 7 \cdot 81 + 9 + 1$$
$$= 2.916 + 567 + 9 + 1 = \mathbf{3.493_{10}}$$

2.) **Welchen Dezimalwerten entsprechen die Zahlen 2.004_5 / 2.004_6 / 2.004_7 / 2.004_8 / 2.004_9?**

   a) $2.004_5 = 2 \cdot 5^3 + 0 \cdot 5^2 + 0 \cdot 5^1 + 4 \cdot 5^0$
$$= 2 \cdot 125 \quad 0 + 0 + 4 \cdot 1$$
$$= 250 \quad + \quad 4 = 254_{10}$$

   b) $2.004_6 = 2 \cdot 6^3 + 0 \cdot 6^2 + 0 \cdot 6^1 + 4 \cdot 6^0$
$$= 2 \cdot 216 \quad 0 + 0 + 4 \cdot 1$$
$$= 432 \quad + \quad 4 = 436_{10}$$

   c) $2.004_7 = 2 \cdot 7^3 + 0 \cdot 7^2 + 0 \cdot 7^1 + 4 \cdot 7^0$
$$= 2 \cdot 343 \quad 0 + 0 + 4 \cdot 1$$
$$= 686 \quad + \quad 4 = 690_{10}$$

   d) $2.004_8 = 2 \cdot 8^3 + 0 \cdot 8^2 + 0 \cdot 8^1 + 4 \cdot 8^0$
$$= 2 \cdot 512 \quad 0 + 0 + 4 \cdot 1$$
$$= 1.024 \quad + \quad 4 = 1.028_{10}$$

   e) $2.004_9 = 2 \cdot 9^3 + 0 \cdot 9^2 + 0 \cdot 9^1 + 4 \cdot 9^0$
$$= 2 \cdot 729 + 0 + 0 + 4 \cdot 1$$
$$= 1.458 \quad + \quad 4 = 1.462_{10}$$

3.) | Welchen Dezimalwerten entsprechen 1.443_5 / 1.443_7 / 1.443_9 / 1.443_{11} / 1.443_{13} ?

a) $1.443_5 = 1 \cdot 5^3 + 4 \cdot 5^2 + 4 \cdot 5^1 + 3 \cdot 5^0$
$= 125 + 100 + 20 + 3 = 248_{10}$

b) $1.443_7 = 1 \cdot 7^3 + 4 \cdot 7^2 + 4 \cdot 7^1 + 3 \cdot 7^0$
$= 343 + 196 + 28 + 3 = 570_{10}$

c) $1.443_9 = 1 \cdot 9^3 + 4 \cdot 9^2 + 4 \cdot 9^1 + 3 \cdot 9^0$
$= 729 + 324 + 36 + 3 = 1.092_{10}$

d) $1.443_{11} = 1 \cdot 11^3 + 4 \cdot 11^2 + 4 \cdot 11^1 + 3 \cdot 11^0$
$= 1.331 + 484 + 44 + 3 = 1.862_{10}$

e) $1.443_{13} = 1 \cdot 13^3 + 4 \cdot 13^2 + 4 \cdot 13^1 + 3 \cdot 13^0$
$= 2.197 + 676 + 52 + 3 = 2.928_{10}$

4.) | Stellen Sie die Dezimalzahl 4.711_{10} im 7-er-, im 8-er- und im 9-er-Zahlensystem dar!

a) 4.711 : 7 = 673 Rest: 0
    673 : 7 = 96 Rest: 1
      96 : 7 = 13 Rest: 5
      13 : 7 = 1 Rest: 6
        1 : 7 = 0 Rest: 1 → **16.510_7**

b) 4.711 : 8 = 588 Rest: 7
    588 : 8 = 73 Rest: 4
      73 : 8 = 9 Rest: 1
        9 : 8 = 1 Rest: 1
        1 : 8 = 0 Rest: 1 → **11.147_8**

c) 4.711 : 9 = 523 Rest: 4
    523 : 9 = 58 Rest: 1
      58 : 9 = 6 Rest: 4
        6 : 9 = 0 Rest: 6 → **6.414_9**

5.) Stellen Sie die Dezimalzahl 2.004_{10} im 5er-, 6er-, 7er-, 8er- und 9er-Zahlensystem dar!

a) 2.004 : 5 = 400 Rest: 4
     400 : 5 = 80 Rest: 0
      80 : 5 = 16 Rest: 0
      16 : 5 =   3 Rest: 1
       3 : 5 =   0 Rest: 3   → **31.004_5**

b) 2.004 : 6 = 334 Rest: 0
     334 : 6 = 55 Rest: 4
      55 : 6 =   9 Rest: 1
       9 : 6 =   1 Rest: 3
       1 : 6 =   0 Rest: 1   → **13.140_6**

c) 2.004 : 7 = 286 Rest: 2
     286 : 7 = 40 Rest: 6
      40 : 7 =   5 Rest: 5
       5 : 7 =   0 Rest: 5   → **5.562_7**

d) 2.004 : 8 = 250 Rest: 4
     250 : 8 = 31 Rest: 2
      31 : 8 =   3 Rest: 7
       3 : 8 =   0 Rest: 3   → **3.724_8**

e) 2.004 : 9 = 222 Rest: 6
     222 : 9 = 24 Rest: 6
      24 : 9 =   2 Rest: 6
       2 : 9 =   0 Rest: 2   → **2.666_9**

6.) Stellen Sie die Dezimalzahl 1.443_{10} im 5er-, 7er-, 9er-, 11er- und 13er-Zahlensystem dar!

a) $1.443 : 5 = 288$ Rest: $\boxed{3}$
    $288 : 5 = 57$ Rest: $\boxed{3}$
    $57 : 5 = 11$ Rest: $\boxed{2}$
    $11 : 5 = 2$ Rest: $\boxed{1}$
    $2 : 5 = 0$ Rest: $\boxed{2}$ → **21.233_5**

b) $1.443 : 7 = 206$ Rest: $\boxed{1}$
    $206 : 7 = 29$ Rest: $\boxed{3}$
    $29 : 7 = 4$ Rest: $\boxed{1}$
    $4 : 7 = 0$ Rest: $\boxed{4}$ → **4.131_7**

c) $1.443 : 9 = 160$ Rest: $\boxed{3}$
    $160 : 9 = 17$ Rest: $\boxed{7}$
    $1 : 9 = 1$ Rest: $\boxed{8}$
    $1 : 9 = 0$ Rest: $\boxed{1}$ → **1.873_9**

d) $1.443 : 11 = 131$ Rest: $\boxed{2}$
    $131 : 11 = 11$ Rest: $\boxed{10}$ $10 = A$
    $11 : 11 = 1$ Rest: $\boxed{0}$
    $1 : 11 = 0$ Rest: $\boxed{1}$ → **$1.0A2_{11}$**

e) $1.443 : 13 = 111$ Rest: $\boxed{0}$
    $111 : 13 = 8$ Rest: $\boxed{7}$
    $8 : 13 = 0$ Rest: $\boxed{8}$ → **870_{13}**

7.) Vervollständigen Sie folgende Tabelle, indem Sie die in der ersten Spalte stehenden Zahlenwerte jeweils in das 5er-, 6er-, 7er-, 8er-, 9er-, 10er-, 11er-, 12er- und 13er-Zahlensystem kovertieren!

	Zahlensysteme							
	5-er	6-er	7-er	9-er	10-er	11-er	12-er	13-er
123_5	123	102	53	42	38	35	32	2C
123_6	201	123	102	56	51	47	43	3C
123_7	231	150	123	73	66	60	56	51
123_9	402	250	204	123	102	93	86	7B
123_{10}	443	323	234	146	123	102	A3	96
123_{11}	1.041	402	266	172	146	123	102	B3
123_{12}	1.141	443	333	210	171	146	123	102
123_{13}	1.243	530	402	240	198	170	146	123

3 Das Rechnen im Dualsystem

3.1 Das Umrechnen von Dezimalzahlen in Dualzahlen

Das Dualsystem (auch: Binärsystem) ist ein Stellenwertsystem, das auf der Grundzahl 2 basiert. Im Dualsystem gelten die Ziffern 0 und 1. Die Stellenwerte einer Dualzahl verlaufen von rechts nach links wie folgt: 1, 2, 4, 8, 16, 32 usw.

z. B.: Welcher Dualzahl entspricht der Dezimalwert $53{,}34375_{10}$?

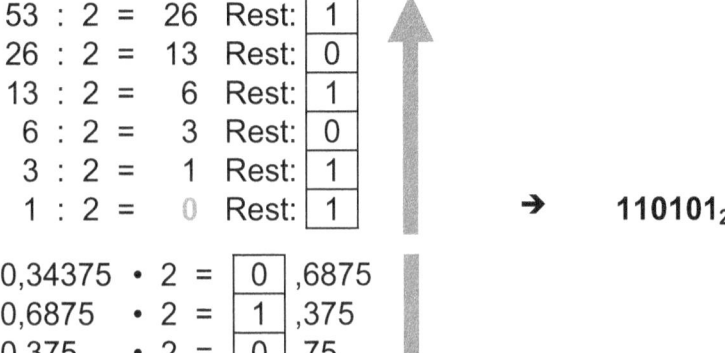

```
53 : 2 =  26  Rest: 1
26 : 2 =  13  Rest: 0
13 : 2 =   6  Rest: 1
 6 : 2 =   3  Rest: 0
 3 : 2 =   1  Rest: 1
 1 : 2 =   0  Rest: 1        →   110101₂

0,34375 • 2 =  0 ,6875
0,6875  • 2 =  1 ,375
0,375   • 2 =  0 ,75
0,75    • 2 =  1 ,5
0,5     • 2 =  1 ,0          →   0,01011₂
```

$\rightarrow$ 110101_2

$\rightarrow$ $0{,}01011_2$

8.) Welcher Dualzahl entspricht der Dezimalwert $23{,}9375_{10}$?

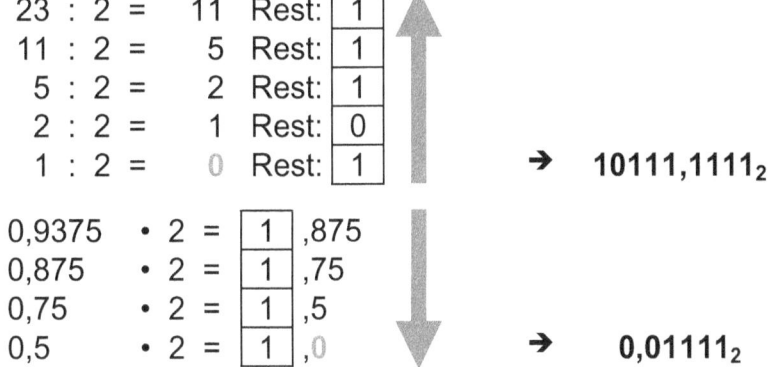

```
23 : 2 =  11  Rest: 1
11 : 2 =   5  Rest: 1
 5 : 2 =   2  Rest: 1
 2 : 2 =   1  Rest: 0
 1 : 2 =   0  Rest: 1        →   10111,1111₂

0,9375 • 2 =  1 ,875
0,875  • 2 =  1 ,75
0,75   • 2 =  1 ,5
0,5    • 2 =  1 ,0           →   0,01111₂
```

$\rightarrow$ $10111{,}1111_2$

$\rightarrow$ $0{,}01111_2$

9.) Welcher Dualzahl entspricht der Dezimalwert $17{,}78125_{10}$?

$$
\begin{aligned}
17 : 2 &= 8 \quad \text{Rest: } \boxed{1} \\
8 : 2 &= 4 \quad \text{Rest: } \boxed{0} \\
4 : 2 &= 2 \quad \text{Rest: } \boxed{0} \\
2 : 2 &= 1 \quad \text{Rest: } \boxed{0} \\
1 : 2 &= 0 \quad \text{Rest: } \boxed{1}
\end{aligned}
\qquad \rightarrow \quad \mathbf{10001_2}
$$

$$
\begin{aligned}
0{,}78125 \cdot 2 &= \boxed{1}{,}5625 \\
0{,}5625 \cdot 2 &= \boxed{1}{,}125 \\
0{,}125 \cdot 2 &= \boxed{0}{,}25 \\
0{,}25 \cdot 2 &= \boxed{0}{,}5 \\
0{,}5 \cdot 2 &= \boxed{1}{,}0
\end{aligned}
\qquad \rightarrow \quad \mathbf{0{,}11001_2}
$$

3.2 Das Umrechnen von Dualzahlen in Dezimalzahlen

z. B.: $101011,11_2$

$= 1 \cdot 2^5 + 0 \cdot 2^4 + 1 \cdot 2^3 + 0 \cdot 2^2 + 1 \cdot 2^1 + 1 \cdot 2^0 + 1 \cdot 2^{-1} + 1 \cdot 2^{-2}$

$= 32 \ + \ 0 \ + \ 8 \ + \ 0 \ + \ 2 \ + \ 1 \ + \ ½ \ + \ ¼$

$= \mathbf{43{,}75_{10}}$

10.) Welchem Dezimalwert entspricht die Dualzahl $11011,101_2$?

$11011,101_2$
$= 1 \cdot 2^4 + 1 \cdot 2^3 + 0 \cdot 2^2 + 1 \cdot 2^1 + 1 \cdot 2^0 + 1 \cdot 2^{-1} + 0 \cdot 2^{-2} + 1 \cdot 2^{-3}$
$= 16 \ + \ 8 \ + \ 0 \ + \ 2 \ + \ 1 \ + \ ½ \ + \ 0 \ + \ 1/8$
$= \mathbf{27{,}625_{10}}$

11.) Welchem Dezimalwert entspricht die Dualzahl $10011,1001_2$?

$10011,1001_2$
$= 1 \cdot 2^4 + 0 \cdot 2^3 + 0 \cdot 2^2 + 1 \cdot 2^1 + 1 \cdot 2^0 + 1 \cdot 2^{-1} + 0 \cdot 2^{-2} + 0 \cdot 2^{-3} + 1 \cdot 2^{-4}$
$= 16 \ + \ 0 \ + \ 0 \ + \ 2 \ + \ 1 \ + \ ½ \ + \ 0 \ + \ 0 \ + \ 1/16$
$= \mathbf{19{,}5625_{10}}$

3.3 Das Grundrechnen mit Dualzahlen

z. B.:
```
  1 0 1 1 , 0 1         11,25
+ 1 1 0 0 , 1 1        + 12,75
  1 1 0 0 0 , 0 0       24,00
```

z. B.:
```
  1 0 0 1 1 0 , 0 1     38,25
-   1 0 0 1 1 , 1 1    - 19,75
    1 0 0 1 0 , 1 0     18,50
```

z. B.:
```
  1011,101 • 11,1       11,625 • 3,5
  1011101               34875
   1011101              58125
    1011101             40,6875
  101000,1011
```

12.) Addieren Sie im Dualsystem!

a)
```
        1 1 0 1 , 1 1         13,75
  +       1 1 0 , 1 0       +  6,50
    1 0 1 0 0 , 0 1           20,25
```

b)
```
        1 1 1 0 1 , 0 0       29,00
  +     1 0 0 1 , 0 1       +  9,25
    1 0 0 1 1 0 , 0 1         38,25
```

c)
```
        1 1 1 1 0 1 , 1 1     61,75
  +     1 1 0 1 1 , 0 1     + 27,25
    1 0 1 1 0 0 1 , 0 0       89,00
```

13.) Subtrahieren Sie im Dualsystem!

a)
```
        1 1 0 1 , 1 1         13,75
  -       1 1 0 , 1 0       -  6,50
            1 1 1 , 0 1        7,25
```

b)
```
        1 1 1 0 1 , 0 0       29,00
  -     1 0 0 1 , 0 1       -  9,25
        1 0 0 1 1 , 1 1       19,75
```

c)
```
        1 1 1 1 0 1 , 1 1     61,75
  -     1 1 0 1 1 , 0 1     - 27,25
    1 0 0 0 1 0 , 1 0         34,50
```

4 Das Rechnen im Hexadezimalsystem

4.1 Das Umrechnen von Dezimalzahlen in Hexadezimalzahlen

Das Hexadezimalsystem ist ein Stellenwertsystem, das auf der Grundzahl 16 basiert. Im Dualsystem gelten die Ziffern 0, 1, 2, ... 9, A, B, C, D, E und F. Die Stellenwerte einer Hexadezimalzahl verlaufen von rechts nach links wie folgt: 1, 16, 256, 4.096 usw.

Das Umrechnen von Dezimalzahlen in Hexadezimalzahlen erfolgt über den Zwischenschritt Dualsystem. Die dabei ermittelte Dualzahl wird in Viererblöcken (Tetraden) zusammengefasst.

z. B.: 147_{10} = 144 + 3
$= 9 \cdot 16^1 + 3 \cdot 16^0 =$ **93_{16}**

oder:
147_{10} = 128 + 16 + 2 + 1 =
$= 2^7 + 2^4 + 2^1 + 2^0 =$ |1001|0011|
$=$ **93_{16}**

oder: 147 : 16 = 9 Rest: |3|
9 : 16 = 0 Rest: |9| → **93_{16}**

z. B.: 0,34375 · 16 = |5|,5
0,5 · 16 = |8|,0 → **$0,58_{16}$**

14.) Stellen Sie die Dezimalzahl $112{,}375_{10}$ als Hexadezimalzahl dar!

$$\begin{aligned} 112{,}375_{10} &= 112 + 0 + 0{,}375 \\ &= 7 \cdot 16^1 + 0 \cdot 16^0 + 6 \cdot 16^{-1} = \mathbf{70{,}6_{16}} \end{aligned}$$

oder:

$$\begin{aligned} &= 64 + 32 + 16 + \tfrac{1}{4} + \tfrac{1}{8} \\ &= 2^6 + 2^5 + 2^4 + 2^{-2} + 2^{-3} \\ &= \boxed{0111 \;|\; 0000}\;,\;\boxed{0110} = \mathbf{70{,}6_{16}} \end{aligned}$$

oder: $112 : 16 = 7$ Rest: $\boxed{0}$
         $7 : 16 = 0$ Rest: $\boxed{7}$ ⬆ 70 ➜ **70,6₁₆** ⬅ 6

   $0{,}375 \cdot 16 = \boxed{6}\,,0$ ⬇

15.) Stellen Sie die Dezimalzahl $193{,}625_{10}$ als Hexadezimalzahl dar!

$$\begin{aligned} 193{,}625_{10} &= 192 + 1 + \tfrac{10}{16} \\ &= 12 \cdot 16^1 + 1 \cdot 16^0 + 10 \cdot 16^{-1} = \mathbf{C1{,}A_{16}} \end{aligned}$$

oder:

$$\begin{aligned} &= 128 + 64 + 1 + \tfrac{1}{2} + \tfrac{1}{8} \\ &= 2^7 + 2^6 + 2^0 + 2^{-1} + 2^{-3} \\ &= \boxed{1100 \;|\; 0001}\;,\;\boxed{1010} = \mathbf{C1{,}A_{16}} \end{aligned}$$

oder: $193 : 16 = 12$ Rest: $\boxed{1}$
         $12 : 16 = 0$ Rest: $\boxed{12}$ ⬆ C1 ➜ **C1,A** ⬅ A

   $0{,}625 \cdot 16 = \boxed{10}\,,0$ ⬇

4.2 Das Umrechnen von Hexadezimalzahlen in Dezimalzahlen

Das Umrechnen von Zahlen aus dem Hexadezimalsystem in das Dezimalsystem erfolgt ebenfalls über den Zwischenschritt Dualsystem. D. h., jeweils eine Dualtetrade entspricht einer Hexadezimalziffer.

z. B.: $1A7_{16}$ = 1 A 7
= $1 \cdot 16^2 + 10 \cdot 16^1 + 7 \cdot 16^0$
= 256 + 160 + 7 = **423_{10}**

oder:

1	A	7
0001	1010	0111

$2^8 +$ $2^7 + 2^5 +$ $2^2 + 2^1 + 2^0$
256   128+32   4+2+1 = **423_{10}**

16.) Welchem Dezimalwert entspricht die Hexadezimalzahl $2CB_{16}$?

$2CB_{16}$ = 2 C B
= $2 \cdot 16^2 + 12 \cdot 16^1 + 11 \cdot 16^0$
= 512 + 192 + 11 = **715_{10}**

oder:

2	C	B
0010	1100	1011

$2^9 +$ $2^7 + 2^6 +$ $2^3 + 2^1 + 2^0$
512 +   128+64   + 8+2+1 = **715_{10}**

17.) Welchem Dezimalwert entspricht die Hexadezimalzahl 0815_{16}?

815_{16} = 8   1   5

$= 8 \cdot 16^2 + 1 \cdot 16^1 + 5 \cdot 16^0$

$= 2.048 + 16 + 5 = \mathbf{2.069_{10}}$

oder: 8   1   5

1000	0001	0101
2^{11}	2^5	$2^2 + 2^0$
2.048	+ 16	+ 4 + 1

$= \mathbf{2.069_{10}}$

4.3 Das Grundrechnen mit Hexadezimalzahlen

z. B.:
```
   3F8,8        1.016,5000
 + 769,9      + 1.897,5625
  B62,1        2.914,0625
```

z. B.:
```
   769,9        1.897,5625
 - 3F8,8      - 1.016,5000
   371,1          881,0625
```

18.) Addieren Sie im Hexadezimalsystem!

a)
```
   6AB,5        1.707,3125
 + 3CE,A      +   974,6250
  A79, F       2.681,9375
```

b)
```
   9DE,6        2.526,3750
 + 4A1,1      + 1.185,0625
   E7F,7        3.711,4375
```

c)
```
   83C,1        2.108,0625
 +  B4,A      +   180,6250
   8F0,B        2.288,6875
```

19.) Subtrahieren Sie im Hexadezimalsystem!

a)
```
   6AB,5        1.707,3125
 - 3CE,A      -   974,6250
   2DC,B          732,6875
```

b)
```
   9DE,6        2.526,3750
 - 4A1,1      - 1.185,0625
   53D,5        1.341,3125
```

c)
```
   83C,1        2.108,0625
 -  B4,A      -   180,6250
   787,7        1.927,4375
```

5 Das Rechnen im Oktalsystem

5.1 Das Umrechnen von Dezimalzahlen in Oktalzahlen

Das Oktalsystem ist ein Stellenwertsystem, das auf der Grundzahl 8 basiert. Im Oktalsystem gelten die Ziffern 0, 1, 2, ... 7. Die Stellenwerte einer Oktalzahl verlaufen von rechts nach links wie folgt: 1, 8, 64, 512, 4.096 usw.
Das Umrechnen von Dezimalzahlen in Oktalzahlen erfolgt über den Zwischenschritt Dualsystem. Die dabei ermittelte Dualzahl wird in Dreierblöcken (Triaden) zusammengefasst.

z. B.: 147_{10} = 128   16   3

$2 \cdot 8^2$ + $2 \cdot 8^1$ + $3 \cdot 8^0$ = **223_8**

oder: 2   2   3

| 010 | 010 | 111 |

$2^7 +$ $2^4 +$ $2^2 + 2^1 + 2^0$

128 +   16 +   4 + 2 + 1 = **147_{10}**

oder: 147 : 8 = 18 Rest: 3
       18 : 8 = 2 Rest: 2
        2 : 8 = 0 Rest: 2   → **223_8**

z. B.: 0,34375 • 8 = 2 ,75
        0,75   • 8 = 6 ,0   → **$0{,}26_8$**

20.) Stellen Sie den Dezimalwert $92{,}25_{10}$ als Oktalzahl dar!

$$92{,}25_{10} = 64 + 24 + 4 + \tfrac{1}{4}$$
$$= 1 \cdot 8^2 + 3 \cdot 8^1 + 4 \cdot 8^0 + 2 \cdot 8^{-1} = \mathbf{134{,}2_8}$$

oder: $\quad 64 + \quad 24 + \quad 4 \quad + \quad \tfrac{1}{4}$
$\quad\quad\quad 1\cdot 8^2 + \quad 3\cdot 8^1 + \quad 4\cdot 8^0 \quad + \quad 2\cdot 8^{-1}$

| 001 | 011 | 100 | , | 010 | $= \mathbf{134{,}2_8}$ |

oder: $92 : 8 = 11$ Rest: $\boxed{4}$
$\quad\quad\quad 11 : 8 = 1$ Rest: $\boxed{3}$
$\quad\quad\quad 1 : 8 = 0$ Rest: $\boxed{1}$ $\quad 134 \rightarrow \mathbf{134{,}2_8} \leftarrow 2$

$\quad\quad\quad 0{,}25 \cdot 8 = \boxed{2}{,}0$

21.) Stellen Sie den Dezimalwert $87{,}75_{10}$ als Oktalzahl dar!

$$87{,}75_{10} = 64 + 16 + 7 + \tfrac{3}{4}$$
$$= 1 \cdot 8^2 + 2 \cdot 8^1 + 7 \cdot 8^0 + 6 \cdot 8^{-1} = \mathbf{127{,}6_8}$$

oder: $\quad 64 + \quad 16 + \quad 7 \quad + \quad \tfrac{3}{4}$
$\quad\quad\quad 1\cdot 8^2 + \quad 2\cdot 8^1 + \quad 7\cdot 8^0 \quad + \quad 6\cdot 8^{-1}$

| 001 | 010 | 111 | , | 110 | $= \mathbf{127{,}6_8}$ |

oder: $87 : 8 = 10$ Rest: $\boxed{7}$
$\quad\quad\quad 10 : 8 = 1$ Rest: $\boxed{2}$
$\quad\quad\quad 1 : 8 = 0$ Rest: $\boxed{1}$ $\quad 127 \rightarrow \mathbf{127{,}6_8} \leftarrow 6$

$\quad\quad\quad 0{,}75 \cdot 8 = \boxed{6}{,}0$

5.2 Das Umrechnen von Oktalzahlen in Dezimalzahlen

Das Umrechnen von Zahlen aus dem Oktalsystem in das Dezimalsystem erfolgt ebenfalls über den Zwischenschritt Dualsystem. D. h., jeweils eine Dualtriade entspricht einer Oktalziffer.

z. B.: $147_8 = 1 \cdot 8^2 + 4 \cdot 8^1 + 7 \cdot 8^0$

$ = 64 + 32 + 7 = \mathbf{103_{10}}$

oder:

1	4	7
001	100	111

$1 \cdot 8^2 + \quad 4 \cdot 8^1 + \quad 7 \cdot 8^0$

$64 + \quad 32 + \quad 7 \quad = \quad \mathbf{103_{10}}$

22.) Welchem Dezimalwert entspricht die Oktalzahl 4.711₈?

$4711_8 = 4 \cdot 8^3 + 7 \cdot 8^2 + 1 \cdot 8^1 + 1 \cdot 8^0$

$ = 4 \cdot 512 + 7 \cdot 64 + 1 + 1$

$ = 2.048 + 448 + 8 + 1 \quad = \mathbf{2.505_{10}}$

oder:

4	7	1	1
100	111	001	001

$2^{11} + 2^8 + 2^7 + 2^6 + 2^3 + 2^0$

$2.048 + 256 + 128 + 64 + 8 + 1 \quad = \mathbf{2.505_{10}}$

23.) Welchem Dezimalwert entspricht die Oktalzahl $237,2_8$?

$$
\begin{aligned}
237,2_8 &= 2 \cdot 8^2 + 3 \cdot 8^1 + 7 \cdot 8^0 + 2 \cdot 8^{-1} \\
&= 2 \cdot 64 + 3 \cdot 8 + 7 \cdot 1 + 2/8 \\
&= 128 + 24 + 7 + 1 \quad = \quad \mathbf{159{,}25_{10}}
\end{aligned}
$$

oder:

2	3	7	,	2
010	011	111	,	010

$2^7 + 2^4 + 2^3 + 2^2 + 2^1 + 2^0 + 2^0$

$128 + 16 + 8 + 4 + 2 + 1 + \frac{1}{4} \quad = \quad \mathbf{159{,}25_{10}}$

5.3 Das Grundrechnen mit Oktalzahlen

z. B.:
$\quad\quad 645{,}5_8 \quad\quad\quad 421{,}625_{10}$
$\quad + 372{,}7_8 \quad\quad + 250{,}875_{10}$
$\quad\quad \mathbf{1240{,}4_8} \quad\quad\quad 672{,}500_{10}$

z. B.:
$\quad\quad 645{,}5_8 \quad\quad\quad 421{,}625_{10}$
$\quad - 372{,}7_8 \quad\quad - 250{,}875_{10}$
$\quad\quad \mathbf{252{,}6_8} \quad\quad\quad\; 170{,}750_{10}$

24.) Addieren Sie im Oktalsystem!

a) $365,3_8$ $245,375_{10}$
    $+\ 256,4_8$ $+\ 174,500_{10}$
    $\mathbf{643,7_8}$ $419,875_{10}$

b) $623,1_8$ $403,125_{10}$
    $+\ 234,6_8$ $+\ 156,750_{10}$
    $\mathbf{1057,7_8}$ $559,875_{10}$

c) $453,2_8$ $299,250_{10}$
    $+\ 375,6_8$ $+\ 253,750_{10}$
    $\mathbf{1051,0_8}$ $553,000_{10}$

d) $135,1_8$ $93,125_{10}$
    $+\ 132,7_8$ $+\ 90,875_{10}$
    $\mathbf{270,0_8}$ $184,000_{10}$

25.) Subtrahieren Sie im Oktalsystem!

a) $365,3_8$ $245,375_{10}$
    $-\ 256,4_8$ $-\ 174,500_{10}$
    $\mathbf{106,7_8}$ $70,875_{10}$

b) $623,1_8$ $403,125_{10}$
    $-\ 234,6_8$ $-\ 156,750_{10}$
    $\mathbf{366,3_8}$ $246,375_{10}$

c) $453,2_8$ $299,250_{10}$
    $-\ 375,6_8$ $-\ 253,750_{10}$
    $\mathbf{55,4_8}$ $45,500_{10}$

d) $135,1_8$ $93,125_{10}$
    $-\ 132,7_8$ $-\ 90,875_{10}$
    $\mathbf{2,2_8}$ $2,250_{10}$

6 Das Rechnen im Quartalsystem

6.1 Das Umrechnen von Dezimalzahlen in Quartalzahlen

Das Quartalsystem ist ein Stellenwertsystem, das auf der Grundzahl 4 basiert. Im Quartalsystem gelten die Ziffern 0, 1, 2 und 3. Die Stellenwerte einer Quartalzahl verlaufen von rechts nach links wie folgt: 1, 4, 16, 64, 256 usw.
Das Umrechnen von Dezimalzahlen in Quartalzahlen erfolgt über den Zwischenschritt Dualsystem. Die dabei ermittelte Dualzahl wird in Zweierblöcken zusammengefasst.

z. B.: 147_{10} = 128 + 16 + 0 + 3
       = $2 \cdot 4^3 + 1 \cdot 4^2 + 0 \cdot 4^1 + 3 \cdot 4^0$ = **2103_4**

oder:

2	1	0	3
10	01	00	11
2^7	2^4	0	$2^1 + 2^0$

128 + 16 + 0 + 2 + 1 = **147_{10}**

oder: 147 : 4 = 36 Rest: 3
       36 : 4 = 9 Rest: 0
       9 : 4 = 2 Rest: 1
       2 : 4 = 0 Rest: 2   → **2103_4**

z. B.: 0,34375 · 4 = **1**,375
       0,375 · 4 = **1**,5
       0,5 · 4 = **2**,0   → **$0,112_4$**

26.) | Stellen Sie den Dezimalwert $42\frac{1}{2}_{10}$ als Quartalzahl dar! |

$42{,}5_{10}$ = $\quad$ 32 + 8 + 2 + ½
$\phantom{42{,}5_{10}}$ = $\quad$ $2 \cdot 4^2 + 2 \cdot 4^1 + 2 \cdot 4^0 + 2 \cdot 4^{-1}$ $\quad$ = **$222{,}2_4$**

oder: $\quad$ 32 + $\quad$ 8 + $\quad$ 2 $\quad$ + $\quad$ ½
 $\quad$ $1 \cdot 2^5+$ $\quad$ $1 \cdot 2^3+$ $\quad$ $1 \cdot 2^1$ $\quad$ + $\quad$ $1 \cdot 2^{-1}$

| 10 | 10 | 10 | , | 10 | = **$222{,}2_4$** |

oder: $\quad$ 42 : 4 = 10 Rest: 2
 10 : 4 = 2 Rest: 2
 2 : 4 = 0 Rest: 2 $\quad$ 222 → $\quad$ **$222{,}2_4$** $\quad$ ← 2

 0,5 · 4 = 2 ,0

27.) | Stellen Sie den Dezimalwert $36\frac{3}{4}_{10}$ als Quartalzahl dar! |

$36{,}75_{10}$ = 32 + 4 + 0 + ¾
$\phantom{36{,}75_{10}}$ = $2 \cdot 4^2 + 1 \cdot 4^1 + 0 \cdot 4^0 + 3 \cdot 4^{-1}$ = **$210{,}3_4$**

oder: $\quad$ 32 + 4 + 0 + ½ + ¼
 $2 \cdot 2^5 + 1 \cdot 2^2 + 0 \cdot 2^1 + 1 \cdot 2^{-1} + 1 \cdot 2^{-2}$

| 10 | 01 | 00 | , | 11 | = **$210{,}3_4$** |

oder: $\quad$ 36 : 4 = 9 Rest: 0
 9 : 4 = 2 Rest: 1
 2 : 4 = 0 Rest: 2 $\quad$ 210 → $\quad$ **$210{,}3_4$** $\quad$ ← 3

 0,75 · 4 = 3 ,0

6.2 Das Umrechnen von Quartalzahlen in Dezimalzahlen

Das Umrechnen von Zahlen aus dem Quartalsystem in das Dezimalsystem erfolgt ebenfalls über den Zwischenschritt Dualsystem.

z. B.: 132_4 = $1 \cdot 4^2 + 3 \cdot 4^1 + 2 \cdot 4^0$
= 16 + 12 + 2 = **30_{10}**

oder:

1	3	2
01	11	10

$1 \cdot 4^2 + 3 \cdot 4^1 + 2 \cdot 4^0$
16 + 12 + 2 = **30_{10}**

28.) Welchem Dezimalwert entspricht die Quartalzahl $21{,}33_4$?

$21{,}33_4$ = $2 \cdot 4^1 + 1 \cdot 4^0 + 3 \cdot 4^{-1} + 3 \cdot 4^{-2}$
= $2 \cdot 4 + 1 \cdot 1 + 3 \cdot ¼ + 3 \cdot \frac{1}{16}$
= 8 + 1 + ¾ + $\frac{3}{16}$ = **$9{,}9375_{10}$**

oder:

2	1	,	3	3
10	01	,	11	11

$2^3 + 2^0 + 2^{-1} + 2^{-2} + 2^{-3} + 2^{-4}$
8 + 1 + ½ + ¼ + ⅛ + $\frac{1}{16}$ = **$9{,}9375_{10}$**

29.) Welchem Dezimalwert entspricht die Quartalzahl $11{,}22_4$?

$11{,}22_4$ = $1 \cdot 4^1 + 1 \cdot 4^0 + 2 \cdot 4^{-1} + 2 \cdot 4^{-2}$
= $1 \cdot 4 + 1 \cdot 1 + 2 \cdot ¼ + 2 \cdot \frac{1}{16}$
= 4 + 1 + ½ + ⅛ = **$5{,}625_{10}$**

oder:

1	1	,	2	2
01	01	,	10	10

$2^2 + 2^0 + \quad 2^{-1} \quad 2^{-3}$
4 + 1 + ½ + ⅛ = **$5{,}625_{10}$**

6.3 Das Grundrechnen mit Quartalzahlen

z. B.:
$$301{,}2_4 \qquad 49{,}50_{10}$$
$$+\,212{,}3_4 \qquad +\,38{,}75_{10}$$
$$\mathbf{1120{,}1_4} \qquad 88{,}25_{10}$$

z. B.:
$$301{,}2_4 \qquad 49{,}50_{10}$$
$$-\,212{,}3_4 \qquad -\,38{,}75_{10}$$
$$\mathbf{22{,}3_4} \qquad 10{,}75_{10}$$

30.) Addieren Sie im Quartalsystem!

a)
$$312{,}2_4 \qquad 54{,}50_{10}$$
$$+\,123{,}3_4 \qquad +\,27{,}75_{10}$$
$$\mathbf{1102{,}1_4} \qquad 82{,}25_{10}$$

b)
$$232{,}1_4 \qquad 46{,}25_{10}$$
$$+\,133{,}2_4 \qquad +\,31{,}50_{10}$$
$$\mathbf{1031{,}3_4} \qquad 77{,}75_{10}$$

c)
$$300{,}2_4 \qquad 48{,}50_{10}$$
$$+\,211{,}3_4 \qquad +\,37{,}75_{10}$$
$$\mathbf{1112{,}1_4} \qquad 86{,}25_{10}$$

31.) Subtrahieren Sie im Quartalsystem!

a)
$$312{,}2_4 \qquad 54{,}50_{10}$$
$$-\,123{,}3_4 \qquad -\,27{,}75_{10}$$
$$\mathbf{122{,}3_4} \qquad 26{,}75_{10}$$

b)
$$232{,}1_4 \qquad 46{,}25_{10}$$
$$-\,133{,}2_4 \qquad -\,31{,}50_{10}$$
$$\mathbf{32{,}3_4} \qquad 14{,}75_{10}$$

c)
$$300{,}2_4 \qquad 48{,}50_{10}$$
$$-\,211{,}3_4 \qquad -\,37{,}75_{10}$$
$$\mathbf{22{,}3_4} \qquad 10{,}75_{10}$$

7 Das Umrechnen zwischen Hexadezimal-, Oktal-, Quartal- und Dualsystem

Werden die Ziffern einer Dualzahl beginnend ab dem Komma zu Zweier-, Dreier- (auch: Triaden) oder Viererblöcken (auch: Tetraden) zusammengefasst, ergeben sich die Ziffern der gleichwertigen Quartal-, Oktal- bzw. Hexadezimalzahl.

z. B.: Wandeln Sie die Dualzahl $110110010{,}0111_2$ in eine Quartal-, eine Oktal- und eine Hexadezimalzahl!

$110110010{,}0111_2$
= | 01 | 10 | 11 | 00 | 10 | , | 01 | 11 | = **$12302{,}13_4$**

$110110010{,}0111_2$
= | 110 | 110 | 010 | , | 011 | 100 | = **$662{,}34_8$**

$110110010{,}0111_2$
= | 0001 | 1011 | 0010 | , | 0111 | = **$1B2{,}7_{16}$**

32.) Wandeln Sie die Dualzahl $100101010{,}1010_2$ in eine Quartal-, eine Oktal- und eine Hexadezimalzahl!

$100101010{,}1010_2$
= | 01 | 00 | 10 | 10 | 10 | , | 10 | 10 | = **$10222{,}22_4$**

$100101010{,}1010_2$
= | 100 | 101 | 010 | , | 101 | 000 | = **$452{,}50_8$**

$100101010{,}1010_2$
= | 0001 | 0010 | 1010 | , | 1010 | = **$12A{,}A_{16}$**

Dezimal-system	Dual-system	Quartal-system	Oktal-system	Hexadez.-system
1_{10}	1_2	1_2 1_4	1_2 1_8	1_2 1_{16}
2_{10}	10_2	10_2 2_4	10_2 2_8	10_2 2_{16}
3_{10}	11_2	11_2 3_4	11_2 3_8	11_2 3_{16}
4_{10}	100_2	$1\|00_2$ 10_4	100_2 4_8	100_2 4_{16}
5_{10}	101_2	$1\|01_2$ 11_4	101_2 5_8	101_2 5_{16}
6_{10}	110_2	$1\|10_2$ 12_4	110_2 6_8	110_2 6_{16}
7_{10}	111_2	$1\|11_2$ 13_4	111_2 7_8	111_2 7_{16}
8_{10}	1000_2	$10\|00_2$ 20_4	$1\|000_2$ 10_8	1000_2 8_{16}
9_{10}	1001_2	$10\|01_2$ 21_4	$1\|001_2$ 11_8	1001_2 9_{16}
10_{10}	1010_2	$10\|10_2$ 22_4	$1\|010_2$ 12_8	1010_2 A_{16}
11_{10}	1011_2	$10\|11_2$ 23_4	$1\|011_2$ 13_8	1011_2 B_{16}
12_{10}	1100_2	$11\|00_2$ 30_4	$1\|100_2$ 14_8	1100_2 C_{16}
13_{10}	1101_2	$11\|01_2$ 31_4	$1\|101_2$ 15_8	1101_2 D_{16}
14_{10}	1110_2	$11\|10_2$ 32_4	$1\|110_2$ 16_8	1110_2 E_{16}
15_{10}	1111_2	$11\|11_2$ 33_4	$1\|111_2$ 17_8	1111_2 F_{16}
16_{10}	10000_2	$1\|00\|00_2$ 100_4	$10\|000_2$ 20_8	$1\|0000_2$ 10_{16}
17_{10}	10001_2	$1\|00\|01_2$ 101_4	$10\|001_2$ 21_8	$1\|0001_2$ 11_{16}

Dezimal-system	Dual-system	Quartal-system Zweierblöcke	Oktal-system Dreierblöcke	Hexadez.-system Viererblöcke
$\frac{1}{2} = 0{,}5_{10}$	$0{,}1_2$	$0{,}10_2$ $0{,}2_4$	$0{,}100_2$ $0{,}4_8$	$0{,}1000_2$ $0{,}8_{16}$
$\frac{1}{4} = 0{,}25_{10}$	$0{,}01_2$	$0{,}01_2$ $0{,}1_4$	$0{,}010_2$ $0{,}2_8$	$0{,}0100_2$ $0{,}4_{16}$
$\frac{3}{4} = 0{,}75_{10}$	$0{,}11_2$	$0{,}11_2$ $0{,}3_4$	$0{,}110_2$ $0{,}6_8$	$0{,}1100_2$ $0{,}C_{16}$
$\frac{1}{8} = 0{,}125_{10}$	$0{,}001_2$	$0{,}00\|10_2$ $0{,}02_4$	$0{,}001_2$ $0{,}1_8$	$0{,}0010_2$ $0{,}2_{16}$
$\frac{3}{8} = 0{,}375_{10}$	$0{,}011_2$	$0{,}01\|10_2$ $0{,}12_4$	$0{,}011_2$ $0{,}3_8$	$0{,}0110_2$ $0{,}6_{16}$
$\frac{5}{8} = 0{,}625_{10}$	$0{,}101_2$	$0{,}10\|10_2$ $0{,}22_4$	$0{,}101_2$ $0{,}5_8$	$0{,}1010_2$ $0{,}A_{16}$
$\frac{7}{8} = 0{,}875_{10}$	$0{,}111_2$	$0{,}11\|10_2$ $0{,}32_4$	$0{,}111_2$ $0{,}7_8$	$0{,}1110_2$ $0{,}E_{16}$
$\frac{1}{16} = 0{,}0625_{10}$	$0{,}0001_2$	$0{,}00\|01_2$ $0{,}01_4$	$0{,}000\|100_2$ $0{,}04_8$	$0{,}0001_2$ $0{,}1_{16}$
$\frac{3}{16} = 0{,}1875_{10}$	$0{,}0011_2$	$0{,}00\|11_2$ $0{,}03_4$	$0{,}001\|100_2$ $0{,}14_8$	$0{,}0011_2$ $0{,}3_{16}$
$\frac{5}{16} = 0{,}3125_{10}$	$0{,}0101_2$	$0{,}01\|01_2$ $0{,}11_4$	$0{,}010\|100_2$ $0{,}24_8$	$0{,}0101_2$ $0{,}5_{16}$
$\frac{7}{16} = 0{,}4375_{10}$	$0{,}0111_2$	$0{,}01\|11_2$ $0{,}13_4$	$0{,}011\|100_2$ $0{,}34_8$	$0{,}0111_2$ $0{,}7_{16}$
$\frac{9}{16} = 0{,}5625_{10}$	$0{,}1001_2$	$0{,}10\|01_2$ $0{,}21_4$	$0{,}100\|100_2$ $0{,}44_8$	$0{,}1001_2$ $0{,}9_{16}$
$\frac{11}{16} = 0{,}6875_{10}$	$0{,}1011_2$	$0{,}10\|11_2$ $0{,}23_4$	$0{,}101\|100_2$ $0{,}54_8$	$0{,}1011_2$ $0{,}B_{16}$
$\frac{13}{16} = 0{,}8125_{10}$	$0{,}1101_2$	$0{,}11\|01_2$ $0{,}31_4$	$0{,}110\|100_2$ $0{,}64_8$	$0{,}1101_2$ $0{,}D_{16}$
$\frac{15}{16} = 0{,}9375_{10}$	$0{,}1111_2$	$0{,}11\|11_2$ $0{,}33_4$	$0{,}111\|100_2$ $0{,}74_8$	$0{,}1111_2$ $0{,}F_{16}$

33.) Wandeln Sie die Dualzahl $1110010011{,}0101_2$ in eine Quartal-, eine Oktal- und eine Hexadezimalzahl!

$1110010011{,}0101_2$
= | 11 | 10 | 01 | 00 | 11 | , | 01 | 01 | = **$32103{,}11_4$**

$1110010011{,}0101_2$
= | 001 | 110 | 010 | 011 | , | 010 | 100 | = **$1623{,}24_8$**

$1110010011{,}0101_2$
= | 0011 | 1001 | 0011 | , | 0101 | = **$393{,}5_{16}$**

34.) Wandeln Sie die Quartalzahl $1233{,}23_4$ in eine Oktal- und eine Hexadezimalzahl!

$1233{,}23_4$
= | 01 | 10 | 11 | 11 | , | 10 | 11 |
= | 001 | 101 | 111 | , | 101 | 100 | = **$157{,}54_8$**

$1233{,}23_4$
= | 01 | 10 | 11 | 11 | , | 10 | 11 |
= | 0110 | 1111 | , | 1011 | = **$6F{,}B_{16}$**

35.) Wandeln Sie die Quartalzahl $1302{,}02_4$ in eine Oktal- und eine Hexadezimalzahl!

$1302{,}02_4$
= | 01 | 11 | 00 | 10 | , | 00 | 10 |
= | 001 | 110 | 010 | , | 001 | = **$162{,}1_8$**

$1302{,}02_4$
= | 01 | 11 | 00 | 10 | , | 00 | 10 |
= | 0111 | 0010 | , | 0010 | = **$72{,}2_{16}$**

36.) Wandeln Sie die Oktalzahl 2307,57₄ in eine Quartal- und eine Hexadezimalzahl!

$2307{,}57_8$
= | 010 | 011 | 000 | 111 | , | 101 | 100 |
= | 01 | 00 | 11 | 00 | 01 | 11 | , | 10 | 11 | = **103013,233₄**

$2307{,}57_8$
= | 010 | 011 | 000 | 111 | , | 101 | 100 |
= | 0100 | 1100 | 0111 | , | 1011 | = **4C7,BC₁₆**

37.) Ergänzen Sie in der folgenden Tabelle die fehlenden Werte!

	Dual-system	Quartal-system	Oktal-system	Dezimal-system	Hexa-dezimal-system
Dual-system	10101010101	**111111**	**2525**	**1365**	**555**
Quartal-system	**110011001**	12121	**631**	**409**	**199**
Oktal-system	**111000111**	**13013**	707	**455**	**1C7**
Dezimal-system	**111100001**	**13201**	**741**	481	**1E1**
Hexa-dezimal-system	**110011101**	**12131**	**635**	**413**	19D

www.ingramcontent.com/pod-product-compliance
Lightning Source LLC
Chambersburg PA
CBHW050325220526
45465CB00005B/2131